携手构建网络空间命运共同体

（2022 年 11 月）

中 华 人 民 共 和 国
国务院新闻办公室

人 民 出 版 社

目　　录

前　言

　　互联网是人类社会发展的重要成果,是人类文明向信息时代演进的关键标志。随着新一轮科技革命和产业变革加速推进,互联网让世界变成了"地球村",国际社会越来越成为你中有我、我中有你的命运共同体。发展好、运用好、治理好互联网,让互联网更好造福人类,是国际社会的共同责任。

　　中国全功能接入国际互联网以来,始终致力于推动互联网发展和治理。党的十八大以来,以习近平同志为核心的党中央,坚持以人民为中心的发展思想,高度重视互联网、大力发展互联网、积极运用互联网、有效治理互联网,中国网信事业取得历史性成就,亿万人民在共享互联网发展成果上拥有更多获得感,为构建和平、安全、开放、合作、有序的网络空间作出积极贡献。

　　随着互联网的快速发展,网络空间治理面临的问题日益突出。习近平总书记提出构建网络空间命运共同体重要理念,深入阐释了全球互联网发展治理一系列重大原则和主张。构建网络空间命运共同体重要理念,顺应信息时代发展潮流和人类社会发展大势,回应网络空间风险挑战,彰显了中国共产党为人类谋进步、为世界谋大同的情怀,表达了中国同世界各国加强互联网发展和治理合作的真诚愿望。新时代的中国网络空间国际合作,在构建网络空间命运共同体的愿景下,不断取得新成绩、实现新突破、展现新气象。

为介绍新时代中国互联网发展和治理理念与实践,分享中国推动构建网络空间命运共同体的积极成果,展望网络空间国际合作前景,特发布此白皮书。

一、构建网络空间命运共同体是信息时代的必然选择

互联互通是网络空间的基本属性,共享共治是互联网发展的共同愿景。随着全球信息技术高速发展,互联网已渗透到人类生产生活的方方面面,同时,人类在网络空间也日益面临发展和安全方面的问题和挑战,需要携起手来,共同应对。

(一) 网络空间命运共同体是人类命运共同体的重要组成部分

当前,世界百年未有之大变局加速演进,新一轮科技革命和产业变革深入发展。同时,世纪疫情影响深远,逆全球化思潮抬头,单边主义、保护主义明显上升,世界经济复苏乏力,局部冲突和动荡频发,全球性问题加剧,世界进入新的动荡变革期。互联网领域发展不平衡、规则不健全、秩序不合理等问题日益凸显,网络霸权主义对世界和平与发展

构成新的威胁。个别国家将互联网作为维护霸权的工具，滥用信息技术干涉别国内政，从事大规模网络窃密和监控活动，网络空间冲突对抗风险上升。一些国家搞"小圈子""脱钩断链"，制造网络空间的分裂与对抗，网络空间安全面临的形势日益复杂。网络空间治理呼唤更加公平、合理、有效的解决方案，全球性威胁和挑战需要强有力的全球性应对。

作为全球最大的发展中国家和网民数量最多的国家，中国顺应信息时代发展趋势，坚持以人民为中心的发展思想，秉持共商共建共享的全球治理观，推动构建网络空间命运共同体。网络空间命运共同体坚持多边参与、多方参与，尊重网络主权，发扬伙伴精神，坚持大家的事由大家商量着办，推动国际社会深化务实合作，共同应对风险挑战。构建网络空间命运共同体，这一理念符合信息时代的发展规律、符合世界人民的需求与期待，为全球在尊重网络主权的基础上，推进网络空间发展和治理体系变革贡献了中国方案。

网络空间命运共同体是人类命运共同体的重要组成部分，是人类命运共同体理念在网络空间的具体体现。网络空间命运共同体所包含的关于发展、安全、治理、普惠等方面的理念主张，与人类命运共同体理念既一脉相承，又充分体现了网络空间的客观规律和鲜明特征。同时，推动构建网络空间命运共同体，将为构建人类命运共同体提供充沛的数字化动力，构筑坚实的安全屏障，凝聚更广泛的合作共识。

（二）构建发展、安全、责任、利益共同体

构建网络空间命运共同体，坚持共商共建共享的全球治理观，推动构建多边、民主、透明的国际互联网治理体系，努力实现网络空间创新发展、安全有序、平等尊重、开放共享的目标，做到发展共同推进、安全共同维护、治理共同参与、成果共同分享，把网络空间建设成为造福全人类的发展共同体、安全共同体、责任共同体、利益共同体。

构建发展共同体。随着新一代信息通信技术加速融合创新，数字化、网络化、智能化在经济社会各领域加速渗透，深刻改变人们的生产方式和生活方式。同时，不同国家和地区在互联网普及、基础设施建设、技术创新创造、数字经济发展、数字素养与技能等方面的发展水平不平衡，影响和限制世界各国特别是发展中国家的信息化建设和数字化转型。构建发展共同体，就是采取更加积极、包容、协调、普惠的政策，推动全球信息基础设施加快普及，为广大发展中国

家提供用得上、用得起、用得好的网络服务。充分发挥数字经济在全球经济发展中的引擎作用，积极推进数字产业化发展和产业数字化转型。

构建安全共同体。安全是发展的前提，一个安全稳定繁荣的网络空间，对世界各国都具有重大意义。网络安全是全球性挑战，没有哪个国家能够置身事外、独善其身，维护网络安全是国际社会的共同责任。构建安全共同体，就是倡导开放合作的网络安全理念，坚持安全与发展并重、鼓励与规范并举。加强关键信息基础设施保护和数据安全国际合作，维护信息技术中立和产业全球化，共同遏制信息技术滥用。进一步增强战略互信，及时共享网络威胁信息，有效协调处置重大网络安全事件，合作打击网络恐怖主义和网络犯罪，共同维护网络空间和平与安全。

构建责任共同体。网络空间是人类共同的活动空间，网络空间前途命运应由世界各国共同掌握。构建责任共同体，就是坚持多边参与、多方参与，积极推进全球互联网治理体系改革和建设。发挥联合国在网络空间国际治理中的主渠道作用，发挥政府、国际组织、互联网企业、技术社群、社会组织、公民个人等各主体作用，建立相互信任、协调有序的合作。完善对话协商机制，共同研究制定网络空间治理规范,更加平衡地反映各方利益关切特别是广大发展中国家利益,使治理体系更公正合理。

构建利益共同体。互联网发展治理成果应由世界各国共同分享,确保不同国家、不同民族、不同人群平等享有互联网发展红利。构建利益共同体,就是坚持以人为本,推动科技向善,提升数字经济包容性。加大政策支持,帮助中小微企业利用新一代信息技术促进产品、服务、流程、组织和商业模式的创新,让中小微企业更多从数字经济发展中分享机遇。注重对弱势群体的网络保护,加强网络伦理和网络文明建设,推动网络文化健康发展,培育良好网络生态。在全球范围内促进普惠式发展,提升广大发展中国家网络发展能力,弥合数字鸿沟,共享互联网发展成果,助力《联合国 2030 年可持续发展议程》有效落实。

(三) 构建网络空间命运共同体的基本原则

构建网络空间命运共同体,坚持以下基本原则:

尊重网络主权。《联合国宪章》确立的主权平等原则是当代国际关系的基本准则,同样适用于网络空间。网络主权是国家主权在网络空间的自然延伸,应尊重各国自主选择网络发展道路、治理模式和平等参与网络空间国际治理的权利。各国有权根据本国国情,借鉴国际经验,制定有关网络空间的公共政策和法律法规。任何国家都不搞网络霸权,不利用网络干涉他国内政,不从事、纵容或支持危害他国国家安全的网络活动,不侵害他国关键信息基础设施。

维护和平安全。实现网络空间的安全稳定,事关人类的共同福祉。各国应坚持以对话解决争端、以协商化解分歧,统筹应对传统和非传统安全威胁,确保网络空间的和平与安全。各国应反对网络空间敌对行动和侵略行径,防止网络空间军备竞赛,防范网络空间军事冲突,防范和反对利用网络空间进行的恐怖、淫秽、贩毒、洗钱、赌博等犯罪活动。各方应摒弃冷战思维、零和博弈、双重标准,以合作谋和平,致力于在共同安全中实现自身安全。

促进开放合作。开放是开展网络空间国际合作的前提,也是构建网络空间命运共同体的重要条件。各国应秉持开放理念,奉行开放政策,丰富开放内涵,提高开放水平,共同推动互联网健康发展。积极搭建双边、区域和国际合作平台,强化资源优势互补,维护全球协同一致的创新体系,促进不同制度、不同民族和不同文化在网络空间包容性发展。反对将网络安全问题政治化。反对贸易保护主义。反对狭隘的、封闭的小集团主义,反对分裂互联网,反对利用自身优势损害别国信息通信技术产品和服务供应链安全。

构建良好秩序。网络空间同现实社会一样,既提倡自由,也保持秩序。自由是秩序的目的,秩序是自由的保障。既尊重网民交流思想、表达意愿的权利,也依法构建良好网络秩序。网络空间不是"法外之地"。网络空间是虚拟的,但运用网络空间的主体是现实的,都应遵守法律,明确各方权利义务。坚持依法管网、依法办网、依法上网,让互联网在法治轨道上健康运行。加强网络伦理、网络文明建设,发挥道德教化引导作用,用人类文明优秀成果滋润网络空间、涵养网络生态。

二、中国的互联网发展治理实践

中国的互联网，是开放合作的互联网、有秩序的互联网、正能量充沛的互联网，是造福人民的互联网。中国立足新发展阶段、贯彻新发展理念、构建新发展格局，建设网络强国、数字中国，在激发数字经济活力、推进数字生态建设、营造清朗网络空间、防范网络安全风险等方面不断取得新的成效，为高质量发展提供了有力服务、支撑和保障，为构建网络空间命运共同体提供了坚实基础。

（一）数字经济蓬勃发展

中国大力推进信息基础设施建设和互联网普及应用，依靠信息技术创新驱动，不断催生新产业新业态新模式，加快发展数字经济，促进数字经济和实体经济深度融合，用新动能推动新发展。据研究机构测算，截至 2021 年，中国数字经济规模达到 45.5 万亿元，占国内生产总值比重为 39.8%，数字经济已成为推动经济增长的主要引擎之一。

数字经济规模连续多年位居全球第二。

信息基础设施建设规模日益扩大。截至 2022 年 6 月,中国网民规模达 10.51 亿,互联网普及率提升到 74.4%。截至 2022 年 6 月,中国累计建成开通 5G 基站 185.4 万个,5G 移动电话用户数达 4.55 亿,建成全球规模最大 5G 网络,成为 5G 标准和技术的全球引领者之一。独立组网率先实现规模商用,积极开展 5G 技术创新及开发建设的国际合作,为全球 5G 应用普及作出重要贡献。骨干网、城域网和 LTE 网络完成互联网协议第六版(IPv6)升级改造,主要互联网网站和应用 IPv6 支持度显著提升。截至 2022 年 7 月,中国 IPv6 活跃用户数达 6.97 亿。

北斗三号全球卫星导航系统建成开通。2020 年 7 月,北斗三号全球卫星导航系统正式开通,向全球提供服务。2021 年,中国卫星导航与位置服务总体产业规模达到 4690 亿元。截至 2021 年底,具有北斗定位功能的终端产品社会总保有量超过 10 亿台/套,超过 790 万辆道路营运车辆、10 万台/套农机自动驾驶系统安装使用北斗系统,医疗健康、远程监控、线上服务等下游运营服务环节产值近 2000 亿元,北斗产业体系基本形成,经济和社会效益显著。

数字技术创新应用持续深化。中国大力培育人工智能、物联网、下一代通信网络等新技术新应用,推动经济社会各领域从数字化、网络化向智能化加速跃升,进入创新型国家行列。大数据产业快速发展,"十三五"时期产业规模年均复合增长率超过 30%。2021 年,中国规模以上互联网和相关服务企业完成业务收入 15500 亿元,同比增长 21.2%。智慧工业、智慧交通、智慧健康、智慧能源等领域成为产业物联网连接数快速增长的领域。

工业互联网发展进入快车道。制造业数字化转型持续深化,截至 2022 年 2 月,规模以上工业企业关键工序数控化率达 55.3%,数字化研发工具的普及率达 74.7%。制定《工业互联网发展行动计划(2018—2020 年)》,实施工业互联网创新发展工程,带动总投资近 700 亿元,遴选 4 个国家级工业互联网产业示范基地和 258 个试点示范项目。《工业互联网创新发展行动计划(2021—2023 年)》正在推进。通过兼容的工业互联网基础设施,有力推动企业、人、设备、物品之间的互联互通。

农业数字化转型稳步推进。5G、物联网、大数据、人工智能等数字技术在农业生产经营中融合应用,智慧农业、智慧农机关键技术攻关和创新应用研究不断加强。致力于打造农业物联网试点示范,实施智慧水利工程,积极推动水利公共基础设施的数字化管理与智慧化改造,推动农业农村大数据应用,建立农业全产业链信息服务体系。建成世界第二大物种资源数据库和信息系统,开发了"金种子育种平台",推广农业装备数字化管理服务。

数字化水平和能力不断提升。电子商务持续繁荣。2021年中国实物商品网上零售额10.8万亿元,同比增长12%,占社会消费品零售总额比重达24.5%。2021年,中国跨境电商进出口规模达到1.92万亿元,同比增长18.6%。第三方支付交易规模持续扩大。服务业商业模式不断创新,互联网医疗、在线教育、远程办公等为服务业数字化按下了快进键。数字服务跨境支付能力不断增强。2021年,中国可数字化交付的服务贸易规模达2.33万亿元,同比增长14.4%。

(二) 数字技术惠民便民

中国互联网的发展不仅有广度、有深度,更有温度。中国坚持以人为本,积极推进互联网用于教育、医疗、扶贫等公共服务事业,提高数字技术服务水平,推动数字普惠包容,提升不同群体的数字素养和技能,加快落实《联合国2030年可持续发展议程》。

互联网助力精准扶贫取得积极成效。实施《网络扶贫行动计划》，充分发挥互联网在助推脱贫攻坚中的重要作用，实施网络覆盖、农村电商、网络扶智、信息服务、网络公益等五大工程，助力打赢脱贫攻坚战。中国历史性彻底解决了贫困地区不通网的难题，截至 2020 年底，贫困村通光纤比例达 98% 以上，面向贫困地区精准降费惠及超过 1200 万户贫困群众。中国农村网络零售额 2021 年达 2.05 万亿元，同比增长 11.3%，全国建设县级电商公共服务和物流配送中心 2400 多个，村级电商服务站点超过 14.8 万个。网络扶贫信息服务体系基本建立，截至 2020 年底，全国共建设运营益农信息社 45.4 万个，远程医疗实现国家级贫困县县级医院全覆盖，基础金融服务覆盖行政村比例达 99.2%。截至 2020 年底，贫困地区农副产品网络销售平台实现 832 个国家级贫困县全覆盖，上架农副产品 9 万多个，平台交易额突破 99.7 亿元。中国社会扶贫网累计注册用户 6534 万人，累计发布需求信息 737 万条，成功对接 584 万条。

教育信息化水平持续提升。聚焦信息网络、平台体系、数字资源、智慧校园、创新应用、可信安全等方面，加快推进教育新型基础设施建设，构建高质量教育支撑体系。完成学校联网攻坚行动,截至 2021 年底,中小学互联网接入率达到 100%,出口带宽 100M 以上的学校比例达到 99.95%,接入无线网的学校数超过 21 万所,99.5% 的中小学拥有多媒体教室。实施国家教育数字化战略行动。2022 年 3 月,国家智慧教育公共服务平台正式上线,整合集成国家中小学智慧教育平台、国家职业教育智慧教育平台、国家高等教育智慧教育平台等资源服务平台和国家 24365 大学生就业服务平台。平台已连接 52.9 万所学校,面向 1844 万教师、2.91 亿在校生及广大社会学习者,汇集了基础教育课程资源 3.4 万条、职业教育在线精品课 6628 门、高等教育优质课程 2.7 万门。

针对不同群体的信息化服务保障日趋健全。加强信息无障碍建设,帮助老年人、残疾人等共享数字生活。采取多项措施,为残疾人信息交流无障碍创造条件。围绕老年人日常生活涉及的出行、就医、消费、文娱、办事等七类高频事项和服务场景,制定具体举措,切实解决老年人运用智能技术的困难。利用互联网,切实保障妇女在健康、教育、环境等方面的权益。针对未成年人,加强网络保护,取得显著成效。

中国充分发挥互联网在助推脱贫攻坚中的重要作用,制定《网络扶贫行动计划》,统筹推进网络扶贫工作。《行动计划》包括五大工程:一是实施网络覆盖工程,包括推进贫困地区网络覆盖,加快实用移动终端研发和应用,开发网络扶贫移动应用程序,推动民族语言语音、视频技术研发。二是实施农村电商工程,包括大力发展农村电子商务,建立扶贫网络博览会,推动互联网金融服务向贫困地区延伸。三是实施网络扶智工程,包括开展网络远程教育,加强干部群众培训工作,支持大学生村官和大学生返乡开展网络创业创新。四是实施信息服务工程,包括构建统一的扶贫开发大数据平台,搭建一县一平台,完善一乡(镇)一节点,培养一村一带头人,开通一户一终端,建立一户一档案,形成一支网络扶贫队伍,构筑贫困地区民生保障网络系统。五是实施网络公益工程,包括开展网络公益扶贫系列活动,推动网络公益扶贫行动,实施贫困地区结对帮扶计划,打造网络公益扶贫品牌项目。

(三) 网络空间法治体系不断完善

中国始终把依法治网作为加强数字生态建设、构建规范有序网络环境的基础性手段,坚定不移推进依法管网、依法办网、依法上网,推动互联网在法治轨道上健康运行。

健全网络法律体系。制定出台《中华人民共和国电子商务法》、《中华人民共和国电子签名法》、《中华人民共和国网络安全法》(以下简称《网络安全法》)、《中华人民共和国数据安全法》(以下简称《数据安全法》)、《中华人民共和国个人信息保护法》(以下简称《个人信息保护法》)等基础性、综合性、全局性法律，中国网络立法的"四梁八柱"基本构建，基本形成以宪法为根本，以法律、行政法规、部门规章和地方性法规规章为依托，以传统立法为基础，以网络内容建设与管理、信息化发展和网络安全等网络专门立法为主干的网络法律体系。

严格网络执法。建立健全网络执法协调机制，严厉打击电信网络诈骗、网络赌博、网络传销、网络谣言、网络暴力等违法犯罪行为。深入推进个人信息保护、网络信息内容管理、网络安全和数据安全保护等领域执法。不断提升网络执法的针对性、时效性和震慑力，有效遏制网络违法乱象，网络空间日益规范有序。

创新网络司法。坚持司法改革与信息化建设统筹推进，积极利用信息技术，推动司法网络化、阳光化改革，推出智慧法院、智慧检务等服务，健全在线诉讼规则，推动互联网法院"网上案件网上审理"的新型审理机制不断成熟。

开展网络普法。始终将普法守法作为加强法治的基础性工作，不断加强互联网普法宣传教育。结合国家宪法日、全民国家安全教育日、国家网络安全宣传周、知识产权宣传周等重要节点，大力开展《中华人民共和国宪法》和《网络安全法》《数据安全法》《个人信息保护法》等法律法规知识普及。通过以案说法、以案释法等形式,有效提高全民特别是青少年网络法治意识和网络素养,推动形成全网全社会尊法学法守法用法的良好氛围。

(四) 网上内容丰富多彩

网上正能量强劲、主旋律高昂,马克思主义中国化时代化最新成果深入人心,社会主义核心价值观引领网上文化建设,互联网日益成为文化繁荣的新载体、亿万民众精神生活的新家园,成为凝聚共识的新空间、汇聚正能量的新场域。世界也通过互联网这个窗口进一步认识真实、立体、全面的中国。

网络正能量遒劲充沛。网上主流思想舆论不断巩固壮大,积极健康的优质网络内容不断增加,共产党好、社会主义好、改革开放好、伟大祖国好、各族人民好的时代主旋律在互联网上高亢响亮,先进文化和时代精神充盈网络空间,中国互联网充满向上向善的正能量。中国互联网既开放自由又和谐有序,10 亿多中国网民通过网络了解天下大事、表达交流观点、参与国家和社会治理,凝聚起团结奋斗、共向未来的强大共识和力量。

网络文化多元多样。网络视听、网络文学、网络音乐、网络互动娱乐等不断发展,产生海量网络文化内容,为人们提供了丰富的精神食粮。数字图书馆、"云端博物馆"、网上剧场、"云展览"、线上演唱会、VR 旅游等,让人们足不出户就能享受高品质文化盛宴。多元网络文化催生众多新型文化业态。

网络传播形态迭代更新。大数据、云计算、人工智能、VR、AR 等信息技术突飞猛进,推动网络传播方法手段、载体渠道不断创新,传播主渠道更加移动化、表达方式更加大众化、传播形式更加多样化,技术先进、样态新颖的融媒体产品持续涌现,好声音成为中国网络空间"最强音",传播得更快更广更远、更加深入人心。

(五) 网络空间日益清朗

网络空间是亿万网民共同的精神家园。网络空间天朗气清、生态良好,符合人民利益。网络空间乌烟瘴气、生态恶化,不符合人民利益。中国汇聚向上向善能量,营造文明健康、风清气正的网络生态,持续推动网络空间日益清朗。

推进"清朗"系列专项行动。聚焦群众反映强烈的网络生态乱象,深入推进"清朗"系列专项行动。深入推进

"饭圈"乱象治理,强化规范管理,严厉打击违法违规行为,着力遏制网上"饭圈"乱象。聚焦网络直播、短视频等领域,重点治理"色、丑、怪、假、俗、赌"等违法违规内容呈现乱象,有力规范平台功能运行失范等顽疾。持续开展网络水军、网络账号运营等乱象治理,严防反弹反复,有效遏制了网络乱象滋生蔓延,持续塑造和净化了网络生态。

加强网络文明建设。规范网上内容生产、信息发布和传播流程,规范互联网公益事业管理,举办中国网络文明大会,开展网络文明创建活动,用积极健康、向上向善的网络文化滋养人心、引导社会。充分发挥政府、平台、社会组织、网民等主体作用,共同推进文明办网、文明用网、文明上网,共享网络文明成果,构建网上网下同心圆。

（六）互联网平台运营不断规范

近年来,中国平台经济蓬勃发展,各种新业态、新模式层出不穷,对推动经济社会高质量发展、满足人民日益增长的美好生活需要发挥了重要作用。同时,平台垄断、算法滥用等给市场公平竞争和消费者权益造成了不利影响。中国积极构建与平台经济相适应的法律体系,完善促进企业发展和规范运营的监管机制,营造良好数字生态环境,促进平台经济公平竞争、有序发展。

开展反垄断审查和监管。制定《国务院反垄断委员会关于平台经济领域的反垄断指南》《网络交易监督管理办法》等政策法规，为平台经济健康运行提供明确规则指引。针对互联网平台"二选一""大数据杀熟""屏蔽网址链接"等影响市场公平竞争、侵犯消费者和劳动者合法权益等问题，实施反垄断调查和行政处罚，有效保护中小微企业、劳动者、消费者等市场主体权益。

加强新技术新应用治理。不断完善适应人工智能、大数据、云计算等新技术新应用的制度规则，对区块链、算法推荐服务等加强管理，依法规制算法滥用、非法处理个人信息等行为，推动各类新技术新应用更好地服务社会、造福人民。

推动互联网行业自律。中国网络社会组织和行业组织充分发挥作用，制定发布行业自律公约，加强社会责任建设，引导督促互联网企业规范平台经营活动，主动承担社会责任，自觉接受社会监督，共同营造诚信经营、良性互动、公平竞争的健康市场秩序。

（七）网络空间安全有效保障

加强网络安全顶层设计，《网络安全法》《数据安全法》

《个人信息保护法》等法律框架基本形成,网络安全保障能力不断提升,全社会网络安全防线进一步筑牢。

强化关键信息基础设施安全保护。制定出台《关键信息基础设施安全保护条例》,坚持综合协调、分工负责、依法保护,充分发挥政府及社会各方面的作用,加强风险评估和安全检测,强化监测预警能力,积极推动建立网络安全信息共享机制,及时发现安全风险,尽早开展研判分析和应急响应,采取多种措施共同保护关键信息基础设施安全。

促进网络空间规范发展。坚持促进发展和依法管理相统一,积极鼓励平台在引领技术创新、激发经济活力、促进信息惠民等方面发挥更大作用。同时,防范一些平台利用数据、技术、市场、资本等优势无序竞争,全面营造公平竞争、包容发展、开放创新的市场环境。

推动网络安全教育、技术、产业融合发展。增设网络空间安全一级学科,实施一流网络安全学院建设示范项目,设立网络安全专项基金,国内有60余所高校设立网络安全学院,200余所高校设立网络安全本科专业。网络安全产业生态不断完善,技术产业体系基本形成,网络安全产品细分领域和技术方向持续拓展外延。建成国家网络安全人才与创新基地,建设国家网络安全产业园区、国家网络安全教育技术产业融合发展试验区,推动形成相互促进的良性生态。

专栏2 国家网络安全宣传周

　　网民的网络安全意识和防护技能,关乎广大人民群众的切身利益,关乎国家网络安全。为提升全社会的网络安全意识和安全防护技能,自2014年起,中国每年开展国家网络安全宣传周活动。活动以"网络安全为人民,网络安全靠人民"为主题,主要内容包括网络安全博览会、主题日、论坛、网络安全公益广告和专题节目、有奖征集活动、网络安全赛事、网络安全教育云课堂、表彰网络安全先进典型等。国家网络安全宣传周期间,各地区、有关行业主管监管部门开展本地区、本行业网络安全宣传教育活动。

　　加强个人信息保护。不断完善个人信息保护法律制度,出台《个人信息保护法》,着力解决个人信息被过度收集、违法获取、非法买卖等突出问题,为个人信息权益保护提供了全方位、系统化的法律依据。加强对移动互联网应用程序违法违规收集使用个人信息等行为的治理,严厉打击违法违规活动,保护公民个人隐私安全。

　　提高数据安全保障能力。积极应对经济社会数字化转型带来的数据安全挑战,制定《数据安全法》,构建起数据安全管理基本法律框架,建立健全数据分类分级保护、风险监测预警和应急处置、数据安全审查、数据跨境流动安全管理等数据安全管理基本制度,持续提升数据安全保护能力,有效防范和化解数据安全风险。

打击网络犯罪和网络恐怖主义。依法严厉打击网络违法犯罪行为,切断网络犯罪利益链条,维护网民在网络空间的合法权益。连续开展打击网络犯罪"净网"专项行动,持续推进专项治理,依法严厉打击黑客攻击、电信网络诈骗、网络侵权盗版等网络犯罪,不断压缩涉网犯罪活动空间,净化网络空间环境。中国坚决执行联合国安理会有关决议,坚决打击恐怖组织利用网络策划、实施恐怖活动,持续依法开展打击网上暴恐音视频专项行动,持续做好反恐宣传教育工作,着力构筑政府为主导、互联网企业为主体、社会组织和公众共同参与的网络反恐体系。

三、构建网络空间命运共同体的中国贡献

中国不断深化网络空间国际交流合作,秉持共商共建共享理念,加强双边、区域和国际对话与合作,致力于与国际社会各方建立广泛的合作伙伴关系,深化数字经济国际合作,共同维护网络空间安全,积极参与全球互联网治理体系改革和建设,促进互联网普惠包容发展,与国际社会携手推动构建网络空间命运共同体。

(一) 不断拓展数字经济合作

中国积极参与数字经济国际合作,大力推进信息基础设施建设,促进全球数字经济与实体经济融合发展,携手推进全球数字治理合作,为全球数字经济发展作出了积极贡献。

1. 携手推进全球信息基础设施建设

中国同国际社会一道,积极推进全球信息基础设施建设,推动互联网普及应用,努力提升全球数字互联互通水平。

为全球光缆海缆等建设贡献力量。中国企业支持多国信息通信基础设施建设项目,为发展中国家打开了数字化信息高速通道。通过光纤和基站助力开展信息通信基础设施建设,提高相关国家光通信覆盖率,推动了当地信息通信产业的跨越式发展,大幅提高了网络速度,降低了通信成本。

促进互联网普及应用。开展国家顶级域名系统服务平台海外节点建设,覆盖全球五大洲,面向全球用户提供不间断的、稳定的国家域名解析服务。推广 IPv6 技术应用。为企业通信技术、信息技术、云计算和大数据技术的深度融合转型构筑全球"IPv6+"网络底座,助力数字丝路建设,创新"IPv6+"应用,"云间高速"项目首次在国际云互联目标网络使用 SRv6 技术,接入海内外多种公有云、私有云,实现端到端跨域部署、业务分钟级开通,已经应用于欧亚非 10 多个国家和地区。

北斗成为全球重要时空基础设施。推动北斗相关产品及服务惠及全球,北斗相关产品已出口至全球一半以上国家和地区。与阿盟、东盟、中亚、非洲等地区国家和区域组织持续开展卫星导航合作与交流。建立卫星导航双边合作机制,开展卫星导航系统兼容与互操作协调。推动北斗系统进入国际标准化组织、行业和专业应用等标准组织,使北斗系统更好服务于全球用户和相关产业发展。

助力提升全球数字互联互通水平。大力推进 5G 网络建设,积极开展 5G 技术创新及开发建设的国际合作。中国企业支持南非建成非洲首个 5G 商用网络和 5G 实验室。中国积极支持共建"一带一路"国家公路、铁路、港口、桥梁、通信管网等骨干通道建设,助力打造"六廊六路多国多港"互联互通大格局,不断提升智慧港口、智能化铁路等基础设施互联互通数字化水平。将"智慧港口"建设作为港口高质量发展的新动能,加强互联网、大数据、人工智能等新技术与港口各领域深度融合,有效提升港口服务效率、口岸通关效率,实现主要单证"全程无纸化"。

2. 数字技术助力全球经济发展

中国积极发挥数字技术对经济发展的放大、叠加、倍增作用,持续深化全球电子商务发展合作,助推全球数字产业化和产业数字化进程,倡导与各国一道推进数字化和绿色化协同转型。

"丝路电商"合作成果丰硕。自 2016 年以来,中国与五大洲 23 个国家建立双边电子商务合作机制,建立中国—中东欧国家、中国—中亚五国电子商务合作对话机制,通过政企对话、联合研究、能力建设等推动多层次交流合作,营造良好发展环境,构建数字合作格局。电子商务企业加速"出海",带动跨境物流、移动支付等各领域实现全球发展。积极参与世界贸易组织、二十国集团、亚太经合组织、金砖国家、上合组织等多边和区域贸易机制下的电子商务议题讨论,与自贸伙伴共同构建高水平数字经济规则。电子商务国际规则构建取得突破,区域全面经济伙伴关系协定电子商务章节成为目前覆盖区域最广、内容全面、水平较高的电子商务国际规则。

云计算、人工智能等新技术创新应用发展。2020年,中国云计算积极为非洲、中东、东南亚国家以及共建"一带一路"国家提供云服务支持。以世界微生物数据中心为平台,有效利用云服务平台等资源,建立起来自51个国家、141个合作伙伴参加的全球微生物数据信息化合作网络,牵头建立全球微生物菌种保藏目录,促进全球微生物数据资源的有效利用。协助泰国共同打造泰国5G智能示范工厂,赋能"5G+"工业应用创新。积极同以色列等国家开展交流合作,提升农业数字化水平。在亚太经合组织提出合作倡议,助力亚太地区数字化、绿色化协同转型发展。2015年5月,中国与联合国教科文组织合作在青岛举办国际教育信息化大会。通过成果文件《青岛宣言》,在国际社会推动教育信息化方面发挥了重要作用。2019年5月,中国与联合国教科文组织合作在北京举办国际人工智能与教育大会,通过成果文件《北京共识》,形成了全球对智能时代教育发展的共同愿景。2020年至2021年,双方继续合作举办国际人工智能与教育会议,为全球教育数字化贡献中国力量。

专栏3 "丝路电商"云上大讲堂

2020年,为应对新冠肺炎疫情带来的冲击,中国创新"丝路电商"能力建设合作,采用线上直播方式,面向伙伴国政府、商协会和企业推出"丝路电商"云上大讲堂,内容涉及法律法规、实操技能和创新实践等方面。"丝路电商"云上大讲堂已举办拉美农产品出口专场、上合组织国家专场等51场直播讲座,累计参训人数超过6000人次,在线观看超过10万人次。

"丝路电商"云上大讲堂搭建了共同提升数字素养的新平台,受到广泛好评,取得积极成效。在2021年第三届"双品网购节"的"丝路电商"专场活动中,"丝路电商"伙伴国商品日均网络零售额比活动前增长20.9%,其中十多个伙伴国重点产品实现销售额翻倍,卢旺达咖啡、阿根廷果蔬汁、智利红酒等成为网红产品。2022年"上合组织国家特色商品电商直播活动"中,乌兹别克斯坦8款产品成为"国别爆款"。2022年"第四届双品网购节暨非洲好物网购节"期间,来自主要电商平台上的20余个非洲国家的重点产品销售额同比均显著增长,其中18个国家的特色产品销售额同比增长超过50%。"丝路电商"云上大讲堂为共享数字经济发展红利,促进全球民心相通开创了有效新模式。

---

3. 积极参与数字经济治理合作

中国积极参与国际和区域性多边机制下的数字经济治

理合作,推动发起多个倡议、宣言,提出多项符合大多数国家利益和诉求的提案,加强同专业性国际组织合作,为全球数字经济治理贡献力量。

推进亚太经合组织数字经济合作进程。2014年,中国作为亚太经合组织东道主首次将互联网经济引入亚太经合组织合作框架,发起并推动通过《促进互联网经济合作倡议》。2019年,亚太经合组织数字经济指导组成立后,中国积极推动全面平衡落实《APEC互联网和数字经济路线图》。2020年以来,中国先后提出"运用数字技术助力新冠肺炎疫情防控和经济复苏""优化数字营商环境 激活市场主体活力""后疫情时代加强数字能力建设,弥合数字鸿沟"等倡议,均获亚太经合组织协商一致通过。

积极参与二十国集团框架下数字经济合作。2016年,二十国集团领导人第十一次峰会在中国举行,在中国推动下,会议首次将"数字经济"列为二十国集团创新增长蓝图中的一项重要议题,并通过了《二十国集团数字经济发展与合作倡议》,这是全球首个由多国领导人共同签署的数字经济政策文件,此后,数字经济成为二十国集团核心议题之一。近年来,中国积极参加二十国集团数字经济部长会议和数字经济任务组相关磋商,推动数字经济任务组升级为工作组,推动数字经济发展成果惠及世界人民。

不断拓展金砖国家数字经济交流合作。2017年,金砖国家领导人第九次会晤在中国举行,会上通过的《金砖国家领导人厦门宣言》,明确提出将深化信息通信技术、电子商务、互联网空间领域的务实合作。2019年,金砖国家未来网络研究院中国分院正式在深圳揭牌成立。2022年金砖国家领导人第十四次会晤通过了《金砖国家数字经济伙伴关系框架》。举办了金砖国家数字经济对话会等重要活动,开启了金砖国家数字经济合作新进程。

深化同东盟数字经济合作。2020年,中国和东盟举办以"集智聚力共战疫 互利共赢同发展"为主题的中国—东盟数字经济合作年,举行网络事务对话,第二十三次中国—东盟领导人会议发表《中国—东盟关于建立数字经济合作伙伴关系的倡议》,同意进一步加深数字经济领域合作。

积极推动世贸组织数字经济合作。2017年,中国正式宣布加入世贸组织"电子商务发展之友",协同发展中成员共同支持世贸组织电子商务议题磋商。2019年,中国与美国、欧盟、俄罗斯、巴西、新加坡、尼日利亚、缅甸等76个世贸组织成员共同发表《关于电子商务的联合声明》,启动与贸易有关的电子商务议题谈判。2022年,中国与其他世贸组织成员共同发表《电子商务工作计划》部长决定,支持电子传输免征关税,助力全球数字经济发展。

积极开展同世界经济论坛和全球移动通信系统协会的合作。支持全球移动通信系统协会自2015年以来在上海举办多届世界移动大会。全球移动通信系统协会连续多年参与协办世界互联网大会,深化了与中国在网信领域特别是移动互联网新技术新应用领域的合作。

专栏4 "一带一路"数字经济国际合作倡议

为拓展数字经济领域的合作,2017年12月3日,在第四届世界互联网大会上,中国、老挝、沙特、塞尔维亚、泰国、土耳其、阿联酋等国家相关部门共同发起《"一带一路"数字经济国际合作倡议》。《倡议》指出,数字经济是全球经济增长日益重要的驱动力,作为支持"一带一路"倡议的相关国家,各国将本着互联互通、创新发展、开放合作、和谐包容、互利共赢的原则,通过加强政策沟通、设施联通、贸易畅通、资金融通和民心相通,致力于实现互联互通的"数字丝绸之路",打造互利共赢的利益共同体和共同发展繁荣的命运共同体。《倡议》提出了15个方面的合作意向,主要包括扩大宽带接入,提高宽带质量;促进数字化转型;促进电子商务合作;支持互联网创业创新;促进中小微企业发展;加强数字化技能培训;促进信息通信技术领域的投资;推动城市间的数字经济合作;提高数字包容性;鼓励培育透明的数字经济政策;推进国际标准化合作;增强信心和信任;鼓励促进合作并尊重自主发展道路;鼓励共建和平、安全、开放、合作、有序的网络空间;鼓励建立多层次交流机制。

（二）持续深化网络安全合作

维护网络安全是国际社会的共同责任。中国积极履行国际责任，深化网络安全应急响应国际合作，与国际社会携手提高数据安全和个人信息保护合作水平，共同打击网络犯罪和网络恐怖主义。

1. 深化网络安全领域合作伙伴关系

中国积极推动金砖国家网络安全领域合作。2017年，金砖五国达成《金砖国家网络安全务实合作路线图》。2022年，金砖国家网络安全工作组第八次会议一致通过"《金砖国家网络安全务实合作路线图》进展报告"，总结了过去五年工作组落实"路线图"的经验和进展，并就未来合作方向达成重要共识。深度参与上海合作组织网络安全进程。2021年，上合组织信息安全专家组一致通过《上合组织成员国保障国际信息安全2022—2023年合作计划》。2021年，中国与印度尼西亚签署《关于发展网络安全能力建设和技术合作的谅解备忘录》。2022年，中国与泰国签署《关于网络安全合作的谅解备忘录》。

积极开展网络安全应急响应领域的国际合作。中国国家计算机网络应急技术处理协调中心与全球主要国家级计算机应急响应组织、政府部门、国际组织和联盟、互联网服务提供商、域名注册机构、学术机构以及其他互联网相关公司和组织开展交流。截至 2021 年，已与 81 个国家和地区的 274 个计算机应急响应组织建立了"CNCERT 国际合作伙伴"关系，与其中 33 个组织签订网络安全合作备忘录。建立"中国—东盟网络安全交流培训中心"，共同提升网络安全能力。

2. 提高数据安全和个人信息保护合作水平

中国坚持以开放包容的态度推动全球数据安全治理、加强个人信息保护合作。始终坚持科学平衡数据安全保护和数据有序流动之间的关系，在保障个人信息和重要数据安全的前提下，与世界各国开展交流合作，共同探索反映国际社会共同关切、符合国际社会共同利益的数据安全和个人信息保护规则。2020 年 9 月，中国发布《全球数据安全倡议》，为制定全球数据安全规则提供了蓝本。2021 年 3 月，中国同阿拉伯国家联盟秘书处发表《中阿数据安全合作倡议》，彰显了中阿在数字治理领域的高度共识。2022 年 6 月，"中国+中亚五国"外长第三次会晤通过《"中国+中亚五国"数据安全合作倡议》，标志着发展中国家在携手推进全球数字治理方面迈出了重要一步。中国支持联合国大会及人权理事会有关隐私权保护问题的讨论,推动网络空间确立个人隐私保护原则,推动各国采取措施制止利用网络侵害个人隐私的行为。

3. 共同打击网络犯罪和网络恐怖主义

中国一贯支持打击网络犯罪国际合作,支持在联合国框架下制订全球性公约。中国推动联合国网络犯罪政府间专家组于 2011 年至 2021 年召开 7 次会议,为通过关于启动制订联合国打击网络犯罪全球性公约相关决议作出重要贡献。中国在上海合作组织框架下参与签署了《上海合作组织成员国元首阿斯塔纳宣言》《上海合作组织成员国元首关于共同打击国际恐怖主义的声明》等重要文件,共同打击包括网络恐怖主义在内的恐怖主义、分裂主义和极端主义。中国主办和积极参与金砖国家反恐工作组系列会议,就打击网络恐怖主义介绍中国具体实践,提出金砖国家加强网络反恐合作交流建议。

(三) 积极参与网络空间治理

网络空间是人类共同的活动空间,需要世界各国共同建设,共同治理。中国积极参与全球互联网治理机制,搭建起世界互联网大会等国际交流平台,加强同各国在网络空间的交流合作,推动全球互联网治理体系改革和建设。

1.积极参与全球互联网治理

中国坚定维护以联合国为核心的国际体系、以国际法为基础的国际秩序、以《联合国宪章》宗旨和原则为基础的国际关系基本准则,并在此基础上,制定各方普遍接受的网络空间国际规则。

中国始终恪守《联合国宪章》确立的主权平等、不得使用或威胁使用武力、和平解决争端等原则,尊重各国自主选择网络发展道路、网络管理模式、互联网公共政策和平等参与网络空间国际治理的权利。中国始终认为,国家不分大小、强弱、贫富,都是平等成员,都有权平等参与国际规则与秩序建构,确保网络空间未来发展由各国人民共同掌握。2020年9月,《中国关于联合国成立75周年立场文件》发布,呼吁国际社会要在相互尊重、平等互利基础上,加强对话合作,把网络空间用于促进经济社会发展、国际和平与稳定和人类福祉,反对网络战和网络军备竞赛,共同建立和平、安全、开放、合作、有序的网络空间。

积极参与联合国网络空间治理进程。中国与上海合作组织其他成员国向联大提交"信息安全国际行为准则",并于 2015 年提交更新案文,成为国际上第一份系统阐述网络空间行为规范的文件。中国建设性参与联合国信息安全开放式工作组与政府专家组,推动联合国信息安全开放式工作组与政府专家组成功达成最终报告,为网络空间国际规则的制定与网络安全全球治理机制建设奠定了基础。中国深度参与联合国互联网治理论坛,中国代表积极参与联合国互联网治理论坛领导小组、多利益相关方咨询专家组,连续多年在联合国互联网治理论坛主办开放论坛、研讨会等活动,与来自全球政界、商界、学界及非政府组织代表开展广泛交流讨论。

不断拓展与联合国专门机构的网络事务合作。国际电信联盟和世界知识产权组织连续多年担任世界互联网大会协办单位。2019 年 7 月,中国与世界知识产权组织签署合作备忘录,并向世界知识产权组织仲裁与调解中心正式授权,在域名规则制定以及域名争议解决领域开展广泛合作。中国积极参与联合国教科文组织《人工智能伦理建议书》制定工作。2019 年底,联合国教科文组织二类中心国际高等教育创新中心与 4 所中国高校以及 11 所亚太、非洲地区的高等院校和 9 家合作企业共同发起设立了国际网络教育学院,通过开放的网络平台促进发展中国家高校与教师数字化转型。

积极参与全球互联网组织事务。积极参与互联网名称和数字地址分配机构等平台或组织活动。支持互联网名称和数字地址分配机构治理机制改革，增强发展中国家代表性，推进互联网基础资源管理国际化进程。积极参与国际互联网协会、互联网工程任务组、互联网架构委员会活动，促进社群交流，推进产品研发和应用实践，深度参与相关标准、规则制定，发挥建设性作用。

2.广泛开展国际交流与合作

中国秉持相互尊重、平等相待的原则，加强同世界各国在网络空间的交流合作，以共进为目的，以共赢为目标，走出一条互信共治之路。

2017年3月，中国发布首份《网络空间国际合作战略》，就推动网络空间国际交流合作，首次全面系统提出中国主张，向世界发出了中国致力于网络空间和平发展、合作共赢的积极信号。

深化中俄网信领域的高水平合作。在中俄新时代全面战略协作伙伴关系框架下，贯彻落实两国元首合作共识，不断推动中俄网信合作深化发展。2015年，签署《中华人民共和国政府和俄罗斯联邦政府关于在保障国际信息安全领域合作协定》，为两国信息安全领域合作规划方向。2021年，在《中俄睦邻友好合作条约》签署20周年之际，中俄发布联合声明，双方重申将巩固国际信息安全领域的双、多边合作，继续推动构建以防止信息空间冲突、鼓励和平使用信息技术为原则的全球国际信息安全体系。2016年以来，共同举办五届中俄网络媒体论坛，加强两国新媒体合作交流。通过中俄信息安全磋商机制不断深化信息安全领域协调合作。

坚持以开放包容的态度推进中欧网信合作。举办中欧数字领域高层对话，围绕加强数字领域合作，就通信技术标准、人工智能等进行务实和建设性讨论。与欧盟委员会共同成立中欧数字经济和网络安全专家工作组，先后召开四次会议。2012年建立中欧网络工作组机制，目前已召开八次会议，双方在工作组框架下不断加强网络领域对话合作。与英、德、法等国开展双边网络事务对话。深化同欧洲智库交流对话。与德国联合主办"2019中德互联网经济对话"，共同发布《2019中德互联网经济对话成果文件》。与英国联合主办多届中英互联网圆桌会议，在数字经济、网络安全、儿童在线保护、数据和人工智能等领域达成多项合作共识。

加强与周边和广大发展中国家网信合作。中国—东盟信息港论坛连续成功举办,持续推动中国与东盟国家数字领域合作,建立中国—东盟网络事务对话机制。建立中日韩三方网络磋商机制。与韩国联合主办中韩互联网圆桌会议。举办中非互联网发展与合作论坛,发布"中非携手构建网络空间命运共同体倡议",提出了"中非数字创新伙伴计划"。中国—南非新媒体圆桌会议、中坦(坦桑尼亚)网络文化交流会、中肯(肯尼亚)数字经济合作发展研讨会等活动加强了中非在新媒体、网络文化、数字经济等领域交流合作。举办多届网上丝绸之路大会,在信息基础设施、跨境电子商务、智慧城市等领域与阿拉伯国家开展务实合作。举办中古(古巴)互联网圆桌论坛、中巴(巴西)互联网治理研讨会,围绕信息时代互联网的发展与治理开展对话交流。与亚非国家开展网络法治对话。2015 年 4 月,亚洲—非洲法律协商组织("亚非法协")第54 届年会在北京举行。在中方建议下,"亚非法协"决定设立"网络空间国际法工作组"。工作组围绕相关议题深入开展讨论。

专栏5 中非互联网发展与合作论坛

2021年8月24日,以"共谋发展,共享安全,携手构建网络空间命运共同体"为主题的中非互联网发展与合作论坛以视频连线方式举办。塞内加尔、卢旺达、刚果(金)、尼日利亚、坦桑尼亚、科特迪瓦等14个非洲国家和非盟委员会的约100名代表在线出席。

论坛期间,中方发起"中非携手构建网络空间命运共同体倡议",欢迎广大非洲国家支持和参与,并提出愿同非方共同制定并实施"中非数字创新伙伴计划",共同设计未来三年数字领域务实合作举措,并纳入中非合作论坛新一届会议成果文件。非洲代表予以积极回应,表示愿以本次论坛为契机,进一步加强中非之间的互利合作,推动非洲数字经济的发展,携手维护网络空间安全,推动构建网络空间命运共同体。

论坛期间,中国国家计算机网络应急技术处理协调中心与贝宁计算机安全事件应急响应中心签署了合作备忘录。

以平等和相互尊重的态度与美国开展对话交流。中国致力于在尊重彼此核心关切、妥善管控分歧的基础上,与美国开展互联网领域对话交流,为包括美国在内的世界各国企业在华发展创造良好市场环境,推进中美网信领域的合作。但一段时间以来,美国采取错误对华政策,致使中美关系遭遇严重困难,美政府还持续实施网络攻击和网络窃密活动。中国将坚持独立自主,坚定不移地维护在网络空间的国家主权、安全、发展利益。

3.搭建世界互联网大会交流平台

2014年以来,中国连续八年在浙江乌镇举办世界互联网大会,搭建中国与世界互联互通的国际平台和国际互联网共享共治的中国平台。各国政府、国际组织、互联网企业、智库、行业协会、技术社群等各界代表应邀参会交流,共商世界互联网发展大计。大会不断创新办会模式、丰富活动形式,分论坛、"携手构建网络空间命运共同体精品案例"发布展示、世界互联网领先科技成果发布、"互联网之光"博览会和"直通乌镇"全球互联网大赛等受到广泛关注。

大会组委会先后发布《携手构建网络空间命运共同体》概念文件、《携手构建网络空间命运共同体行动倡议》,举办案例发布展示活动,深入阐释落实构建网络空间命运共同体理念。大会组委会每年发布《世界互联网发展报告》《中国互联网发展报告》蓝皮书,全面分析世界与中国互联网发展态势,为全球互联网发展与治理提供思想借鉴与智力支撑。大会高级别专家咨询委员会发布的《乌镇展望》,向国际社会阐释大会对网络空间现实发展和未来前景的规划思路。

八年来,大会的成功举办极大促进了各国互联网领域紧密联系与深入交流,有力推动了构建网络空间命运共同体的中国经验、中国方案、中国智慧日益从理念共识走向具体实践,进一步激发了世界各国人民共同构建网络空间命运共同体的信心和热情,推动全球互联网治理体系向着更加公正合理的方向迈进。

近年来,国际各方建议将世界互联网大会打造成为国际组织,更好助力全球互联网发展治理。在多家单位共同发起下,世界互联网大会国际组织于2022年7月在北京成立,宗旨是搭建全球互联网共商共建共享平台,推动国际社会顺应数字化、网络化、智能化趋势,共迎安全挑战,共谋发展福祉,携手构建网络空间命运共同体。

专栏6　携手构建网络空间命运共同体行动倡议

2020年11月18日,世界互联网大会组委会发布《携手构建网络空间命运共同体行动倡议》,呼吁各国政府、国际组织、互联网企业、技术社群、社会组织和公民个人坚持共商共建共享的全球治理观,秉持"发展共同推进、安全共同维护、治理共同参与、成果共同分享"的理念,把网络空间建设成为造福全人类的发展共同体、安全共同体、责任共同体、利益共同体。

行动倡议共20项,包括四方面内容:采取更加积极、包容、协调、普惠的政策,加快全球信息基础设施建设,推动数字经济创新发展,提升公共服务水平;倡导开放合作的网络安全理念,坚持安全与发展并重,共同维护网络空间和平与安全;坚持多边参与、多方参与,加强对话协商,推动构建更加公正合理的全球互联网治理体系;坚持以人为本、科技向善,缩小数字鸿沟,实现共同繁荣。

（四）促进全球普惠包容发展

中国坚持以人为本、科技向善，积极响应国际社会需求，携手推动落实《联合国2030年可持续发展议程》，共同致力于弥合数字鸿沟，推动网络文化交流与文明互鉴，加强对弱势群体的支持和帮助，促进互联网发展成果惠及不同国家和地区的人民。

1. 积极开展网络扶贫国际合作

中国始终把自身命运与世界各国人民命运紧密相连，致力于做国际减贫事业的倡导者、推动者和贡献者，在利用网络消除自身贫困的同时，采取多种技术手段帮助发展中国家提高最贫困地区居民以及人口密度低的地区居民的宽带接入，努力为最不发达国家提供普遍和可负担得起的互联网接入，以消除因网络设施缺乏所导致的贫困。2021年6月，中国以线上线下相结合方式举办亚太经合组织数字减贫研讨会，为亚太地区消除贫困事业作出了积极贡献。中国企业提出的解决方案，可以将简单小巧的基站放置在一根木杆上，而且自带电源、功耗很低，快速、低成本地为发展中国家偏远地区提供移动通信服务。为非洲国家信息产业现代化项目提供融资支持，提升了信息通信服务现代化程度,助力当地扶贫事业发展。此外,还为非洲提供跨网络多业务服务,助力偏远地区网络建设,为全人类的减贫事业作出了重要贡献。

2. 助力提升数字公共服务水平

中国积极研发数字公共产品,提升数字公共服务合作水平。中阿电子图书馆项目以共建数字图书馆的形式,面向中国、阿盟各国提供中文和阿拉伯文自由切换浏览的数字资源和文化服务。充分利用网络信息技术建设国际合作教育"云上样板区"。联合日本、英国、西班牙、泰国等国教育机构、社会团体,共同发起"中文联盟",为国际中文教育事业搭建教学服务及信息交流平台。新冠肺炎疫情在全球暴发以来,中国研发的疫情预测信息平台、防疫外呼机器人在助力相关国家疫情防控中发挥了积极作用。2020年10月,与东盟国家联合举办"中国—东盟数字经济抗疫政企合作论坛"。向相关国家捐赠远程视频会议系统,提供远程医疗系统、人工智能辅助新冠诊疗、5G 无人驾驶汽车等技术设备及解决方案。

3. 推动网络文化交流与文明互鉴

打造网上文化交流平台,促进文明交流互鉴。2020年6月,上线"中国联合展台在线平台",集信息发布、展览展示、版权交易、互动交流等于一体,成为各国视听机构、视听节目和技术设备展示交流平台。构建多语种的"丝绸之路数字遗产与旅游信息服务平台",以图片、音视频等推介丝绸之路沿线国家 1500 处世界遗产与旅游资源,充分展现科学、美学、历史、文化和艺术价值。2020 年 9 月,中国举办"全球博物馆珍藏展示在线接力"项目,来自五大洲 15 个国家的 16 家国家级博物馆参与。2021 年 5 月,联合法国相关博物馆举办"敦煌学的跨时空交流与数字保护探索"线上研讨会,共同探索法藏敦煌文物的数字化保护与传播的新方向、新模式、新方案,以推进敦煌文物的数字化呈现和传播。

四、构建更加紧密的网络空间
命运共同体的中国主张

互联网是人类的共同家园,让这个家园更繁荣、更干净、更安全,是国际社会的共同责任。中国将一如既往立足本国国情,坚持以人为本、开放合作、互利共赢,与各方一道携手推动构建网络空间命运共同体,让互联网的发展成果更好地造福全人类。

（一）坚持尊重网络主权

中国倡导尊重各国网络主权,尊重各国自主选择网络发展道路、网络管理模式、互联网公共政策和平等参与网络空间国际治理的权利。坚决反对一切形式的霸权主义和强权政治,反对干涉别国内政,反对搞双重标准,不从事纵容或支持危害他国国家安全的网络活动。中国倡导《联合国宪章》确立的主权平等原则适用于网络空间,在国家主权基础上构建公正合理的网络空间国际秩序。

（二）维护网络空间和平、安全、稳定

网络空间互联互通，各国利益深度交融，网络空间和平、安全、稳定是世界各国人民共同的诉求。中国主张，各国政府应遵守《联合国宪章》的宗旨与原则，和平利用网络，以和平方式解决争端。中国反对以牺牲别国安全谋求自身所谓绝对安全，反对一切形式的网络空间军备竞赛。中国坚持国家不分大小、强弱、贫富一律平等，对网络安全问题的关切都应得到关注和保障，倡导各国和平利用网络空间促进经济社会发展，开展全球、双边、多边、多方等各层级的合作与对话，共同维护网络空间和平与稳定。

（三）营造开放、公平、公正、非歧视的
数字发展环境

全球数字经济是开放和紧密相连的整体，"筑墙设垒"、"脱钩断链"只会伤己伤人，合作共赢才是唯一正道。营造开放、公平、公正、非歧视的数字发展环境，是加强全球数字经济合作的需要，有利于促进全球经济复苏和发展。中国反对将技术问题政治化，反对滥用国家力量，违反市场经济原则和国际贸易规则，不择手段打压遏制他国企业。

中国倡导,各国政府应积极维护全球信息技术产品和服务的供应链开放、安全、稳定,加强新一代信息技术协同研发,积极融入全球创新网络。各国政府、国际组织、企业、智库等应携起手来,共同探讨制定反映各方意愿、尊重各方利益的数字治理国际规则,推动数字经济健康有序发展。

（四） 加强关键信息基础设施保护国际合作

关键信息基础设施是信息时代各国经济社会正常运行的重要基础,有效应对关键信息基础设施安全风险是国际社会的共同责任。中国坚决反对利用信息技术破坏他国关键信息基础设施或窃取重要数据,搞你输我赢的零和博弈。国际社会应倡导开放合作的网络安全理念,反对网络监听和网络攻击,各国政府和相关机构应加强在预警防范、信息共享、应急响应等方面的合作,积极开展关键信息基础设施保护的经验交流。

（五） 维护互联网基础资源管理体系安全稳定

互联网基础资源管理体系是互联网运行的基石。应确保承载互联网核心资源管理体系的机构运作更加可信,不因任何一国的司法管辖而对其他国家的顶级域名构成威胁。中国主张,保障各国使用互联网基础资源的可用性和可靠性,推动国际社会共同管理和公平分配互联网基础资源,让包括域名系统在内的互联网核心资源技术系统更加安全、稳定和富有韧性,确保其不因任何政治或人为因素而导致服务中断或终止。中国倡导各国政府、行业组织、企业等共同努力,加快推广和普及 IPv6 技术和应用。

（六）合作打击网络犯罪和网络恐怖主义

网络空间不应成为各国角力的战场,更不能成为违法犯罪的温床。当前,网络犯罪和网络恐怖主义已经成为全球公害,国际合作是打击网络犯罪和网络恐怖主义的必由之路。中国倡导各国政府共同努力,根据相关法律和国际公约坚决打击各类网络犯罪行为;倡导对网络犯罪开展生态化、链条化打击整治,健全打击网络犯罪和网络恐怖主义执法司法协作机制。中国支持并积极参与联合国打击网络犯罪全球性公约谈判,探讨制定网络空间国际反恐公约。愿与各国政府有效协调立法和实践,合力应对网络犯罪和网络恐怖主义威胁。

（七）促进数据安全治理和开发利用

数据作为新型生产要素，是数字化、网络化、智能化的基础，已快速融入生产、分配、流通、消费和社会服务管理等各个环节，深刻改变着生产方式、生活方式和社会治理方式。中国支持数据流动和数据开发利用，促进数据开放共享。愿与各国政府、国际组织、企业、智库等各方积极开展数据安全治理、数据开发利用等领域的交流合作，在双边和多边合作框架下推动相关国际规则和标准的制定，不断提升不同数据保护通行规则之间的互操作性，促进数据跨境安全、自由流动。

（八）构建更加公正合理的网络空间治理体系

网络空间具有全球性，任何国家都难以仅凭一己之力实现对网络空间的有效治理。中国支持联合国在网络空间国际治理中发挥主渠道作用，坚持真正的多边主义，反对一切形式的单边主义，反对搞针对特定国家的阵营化和排他的小圈子。中国倡导坚持多边参与、多方参与，发挥政府、国际组织、互联网企业、技术社群、民间机构、公民个人等各主体作用。国际社会应坚持共商共建共享，加强沟通交流，深化务实合作,完善网络空间对话协调机制,研究制定全球互联网治理规则,使全球互联网治理体系更加公正合理,更加平衡地反映大多数国家意愿和利益。

(九) 共建网上美好精神家园

网络文明是现代社会文明进步的重要标志。加强网络文明建设是坚持以人民为中心、满足亿万网民对美好生活向往的迫切需要。中国倡导尊重网络文化的多样性,提倡各国挖掘自身优秀文化资源,加强优质文化产品的数字化生产和网络化传播,推动各国、各地区、各民族开展网络文化交流和文明互鉴,增进不同文明之间的包容共生。倡导各国政府团结协作,行业组织和企业加强自律,公民个人提升素养,共同反对和抵制网络虚假信息,加强网络空间生态治理,维护良好网络秩序,用人类文明优秀成果滋养网络空间。

(十) 坚持互联网的发展成果惠及全人类

互联网发展需要大家共同参与,发展成果应由大家共同分享。中国倡议,国际社会携起手来,推进信息基础设施建设,弥合数字鸿沟,加强对弱势群体的支持和帮助,促进公众数字素养和技能提升,充分发挥互联网和数字技术在抗击疫情、改善民生、消除贫困等方面的作用,推动新技术新应用向上向善,加强数字产品创新供给,推动实现开放、包容、普惠、平衡、可持续的发展,让更多国家和人民搭乘信息时代的快车,共享互联网发展成果,为落实《联合国 2030 年可持续发展议程》作出积极贡献。

结　束　语

互联网是人类共同的家园。无论数字技术如何创新发展，无论国际环境如何风云变幻，每个人都在网络空间休戚与共、命运相连。建设和维护一个和平、安全、开放、合作、有序的网络空间，关系到人类文明进程和发展命运，是各国的共同期盼和愿望。

我们所处的是一个充满挑战的时代，也是一个充满希望的时代。中国愿同世界各国一道，共同构建更加公平合理、开放包容、安全稳定、富有生机活力的网络空间，携手构建网络空间命运共同体，开创人类更加美好的未来。

责任编辑：刘敬文

图书在版编目（CIP）数据

携手构建网络空间命运共同体/中华人民共和国国务院新闻
办公室 著. —北京：人民出版社，2022.11
ISBN 978－7－01－025063－2

Ⅰ.①携…　Ⅱ.①中…　Ⅲ.①互联网络-网络安全-研究-
中国　Ⅳ.①TP393.08

中国版本图书馆 CIP 数据核字（2022）第 167254 号

携手构建网络空间命运共同体
XIESHOU GOUJIAN WANGLUO KONGJIAN MINGYUN GONGTONGTI

（2022 年 11 月）

中华人民共和国国务院新闻办公室

人民出版社 出版发行
（100706　北京市东城区隆福寺街 99 号）

中煤（北京）印务有限公司印刷　新华书店经销

2022 年 11 月第 1 版　2022 年 11 月北京第 1 次印刷
开本：787 毫米×1092 毫米 1/32　印张：2
字数：32 千字

ISBN 978－7－01－025063－2　定价：6.00 元

邮购地址 100706　北京市东城区隆福寺街 99 号
人民东方图书销售中心　电话（010）65250042　65289539